U0339932

语文教材选篇作家作品
深度阅读系列

国际儿童读物联盟（IBBY）原主席
张明舟 / 主编

刘/忠/范/趣/味/科/普

语文教材
选篇作家
刘忠范

纳米技术
就在我们身边

刘忠范 著

浙江教育出版社·杭州

阅读是有力量的

　　阅读是有力量的，特别是课外阅读。这一点我有切身体会。44 年前，我还是黑龙江省一个偏远小山村里的一名 9 岁学童。一个偶然的机会，我用捡拾垃圾换来的 2 角 8 分钱，买到了一本故事书——《小种子旅行记》。这本书讲述了一粒小种子立志到地角天边旅行的故事。书中描绘的大好河山和扣人心弦的故事情节深深地吸引了我，正是从这本书开始，我对阅读产生了浓厚的兴趣。由于条件所限，除了经常要到学期结束才能拿到手的语文课本，那时候我能找到的书很少很少。于是我尝试着阅读糊在泥墙上的旧报纸，不懂的地方就问爸爸、哥哥，因此认识了不少字，也了解了小山村外的许多新鲜事物。我对走出小山村，到地角天边去看看的愿望越来越强烈，学习的动力也越来越足。后来，哥哥给我买了《成语词典》等书籍，我被先贤们的外交智慧所折服，悄悄萌生了长大后做外交官的梦想。后来我才意识到，大量的阅读已经使我拥有了强大的自学能力，我越来越发现课外阅读是对课内学习的重要补充，甚至很大程度上弥补了乡村学校教学条件和教师教学水平的不足。一直在小山村读书，缺乏自信心的我，竟然以全县第一名的成绩考入高中，后来又以优异的成绩考入上海外国语大学，毕业后被外交部录用，成了一名职业外交官。2002 年开始，我积极参与国际儿童读物联盟（IBBY）工作，支持该国际组织在世界各地的公益项目，并推动其与其他国际组织建立合作关系。2018 年，我当选该国际组织主席，成为改革开放以来为数不多的在国际组织担任最高领导人的中国人。在与各国同行交流的过程中，我发现很多人都是因为少年儿童时期的阅读，而养成了良好的阅读和学习习惯并受益终身。

优秀的儿童读物应是既有趣又有营养的。有效率的阅读，更应该是精读和泛读的结合。统编语文教材在知识点的准确性上，特别是在语言和文学两方面综合评估上，对每一篇入选文章都进行了反复考证，体现了编写团队的专业水平和集体智慧。这套"语文教材选篇作家作品深度阅读系列"的每一位作者，都是统编语文教材的选篇作家。翻开孩子们每天相伴的语文课本，就能找到他们的名字。这些作家的作品，囊括了小说、散文、童话、诗歌、科普文章等各种文学体裁。

入选教材的作品都是精品中的精品，然而受课本容量所限，有些文章在收入教材时，篇幅不得不做了删减，在这套书里读者可以找到原作全文；有些课文，其实是系列作品的局部，在这套书里可以找到它的上下文和前后故事；还有些课文，作者著有多篇同体裁、同类型的作品，可以作为课外拓展阅读。学生通过对语文课文的精读，和对语文教材选篇作家系列作品的泛读——对照阅读、大量阅读，既可以更深入地理解课文内容，又可以感受其作品的独特魅力，培养更加敏锐的感受力和表达能力。

当然，除了学生自主阅读，这套书还可以和语文课堂教学配合使用。教师在讲解某一篇课文时，这套书可以作为"资料库"，丰富和拓展课堂教学内容。

让孩子们在课堂上和学习之余，在合适的时间与合适的图书相遇，引导他们从阅读中收获无穷乐趣、吸收无限养分，学会阅读，爱上阅读，成为终身的阅读者和学习者，是这套"语文教材选篇作家作品深度阅读系列"的出版目的，也是出版社和数十位教材选篇作家的共同心愿。

张明舟

2021 年 11 月 30 日于北京

　　"听说你们研究出一种'纳米'，口感怎么样？贵不贵？"这句话出自我 20 多年前接到的一个电话。那时，北京大学纳米科技中心刚刚成立，"纳米"这个词还很新鲜，被误认为是一种可以食用的"米"。时光荏苒，如今"纳米"已经妇孺皆知，许多小朋友都是"纳米"知识小达人了。

　　说到我与"纳米"的缘分，可以追溯到日本留学时期。当时，一种叫作"扫描隧道显微镜"的神奇仪器刚刚问世。小朋友们无法想象，当我第一次用它看到"原子"和"分子"长什么样的时候，是多么兴奋！这种孩童般的兴奋把我带进了纳米世界，从此开始了我持续至今的纳米科研之旅。

　　"纳米"是"小"的学问。越小越值钱，越小学问越大，小纳米里面有个大世界。一个纳米粗的碳纳米管可以制造"天梯"，未来人们可以乘坐"碳纳米管天梯"到太空观光；一个原子层厚的石墨烯拥有改变世界的力量：这些都是"小"的神奇，也是我的最爱。

　　我喜欢看科幻电影，喜欢看科幻小说，《流浪地球》

《变形金刚2》，还有早年的《惊异大奇航》，我都是第一时间看的，刘慈欣的《三体》更是让我爱不释手。其实，科幻电影里面的许多神奇技术都是"纳米科技"的畅想曲，比如，在血管里自由行走的纳米机器人、可瞬间变身的纳米蠕虫，等等。纳米科技正逐渐把科幻变成现实。

"纳米"很小，但"空间"巨大，还有许许多多的学问需要去探究。科学家们的好奇心打开了纳米世界的大门，纳米科技正逐渐走进人类的生活。希望小朋友们快快长大，加入纳米世界的淘宝大军中。你们是纳米科技的未来，未来的世界因你们而更加多姿多彩！

中国科学院院士、北京石墨烯研究院院长　刘忠范

2022 年 8 月 6 日

范范博士

工学博士，主要从事纳米碳材料研究。治学严谨又幽默风趣。

阿宝

一只聪明的变色龙，擅长变色，行事神秘。

浩浩

小学四年级男生，敦厚实诚，乐于助人。喜欢科技产品，富有天马行空的想象力，爱旅行，爱美食。

米娜

小学四年级女生，跟浩浩是同学。热情开朗，运动达人，热爱科学。

目录

1

纳米科技发展史

纳米科技的发展现状

神奇的纳米碳材料

纳米科技的未来

引言：
纳米技术正"飞入寻常百姓家"

在国际单位制中，长度的基本单位是米，往大了说有千米、兆米、拍米、光年等，往小了说有分米、厘米、毫米、微米、纳米、皮米等。罗列了这些长度单位后，我们这本书的关键词"纳米"出现了。那么，什么是纳米？什么是纳米技术？换算成常用长度单位，1纳米相当于十亿分之一米；而纳米技术，简单来说就是将东西做成精细到得用纳米尺度来衡量的技术。

大家都知道，我们现在的科技不仅"可上九天揽月"，还"可下五洋捉鳖"，科学技术正不断向各个极限尺度进军。宏观上，我们的征途是星辰大海，我们可以用"天眼"不断探索太空的奥秘、宇宙的范围，没准哪天就发现了外星人；微观上，我们从微米技术跨越到纳米技术，就像闯入了真正的"小人国"。举个例子，你一定想不到，第一代电子计算机占地整整有170平方米，重达30吨，每秒钟只能进行5000次运算；而如今的掌上电脑，仅有手掌大小，几百克重，每秒钟却能进行上亿次运算，这就是"将东西做小"的好处。再比如，运用纳米技术让手机芯片不断缩小制程，这才有了如今强大、轻便的智能手机。

除了电子产品，我们的生活中还有很多商品用到了纳米技术，像冬天自发热的纳米冲锋衣，夏天吸热快、散热快的凉感衣，碳纳米管做的羽毛球拍以及北京奥运会时使用的防水纳米会旗……

纳米技术和我们的现实生活关系非常大，我曾在小学四年级课文《纳米技术就在我们身边》中讲道："纳米技术将给人类的生活带来深刻的变化。在不远的将来，我们的衣食住行都会有纳米技术的影子。"这几年，纳米技术、人工智能、VR（虚拟现实）、移动支付等技术大放异彩，很多科技产品从实验室走向市场，从前所未闻到习以为常，并最终"飞入寻常百姓家"。

纳米技术就在我们身边

纳米技术是 20 世纪 90 年代兴起的高新技术。如果说 20 世纪是微米的世纪，21 世纪必将是纳米的世纪。

什么是纳米技术呢？这得从纳米说起。纳米是非常非常小的长度单位，1 纳米等于十亿分之一米。如果把直径为 1 纳米的小球放到乒乓球上，就好像把乒乓球放在地球上，可见纳米有多么小。纳米技术的研究对象一般在 1 纳米到 100 纳米之间，不仅肉眼根本看不见，就是普通的光学显微镜也无能为力。这种纳米级的物质拥有许多新奇的特性，纳米技术就是研究并利用这些特性造福人类的一门学问。

纳米技术就在我们身边。冰箱里如果使用一种纳米涂层，就会具有杀菌和除臭功能，能够使蔬菜保鲜期更长。有一种叫作"碳纳米管"的神奇材料，比钢铁结实百倍，而且非常轻，将来我们有可能坐上"碳纳米管天梯"到太空旅行。在最先进的隐形战机上，用到一种纳米吸波材料，能够把探测雷达波吸收掉，所以雷达根本看不见它。

纳米技术可以让人们更加健康。癌症很可怕，但如果在只有几个癌细胞的时候就能发现的话，死亡率会大大降低。利用极其灵敏的纳米检测技术，可以实现疾病的早期检测与预防。未来的纳米机器人甚至可以通过血管直达病灶，杀死癌细胞。生病的时候，需要吃药。现在吃一次药最多管一两天，未来的纳米缓释技术，能够让药物效力缓慢地释放出来，服一次药可以管一周，甚至一个月。

纳米技术将给人类的生活带来深刻的变化。在不远的将来，我们的衣食住行都会有纳米技术的影子。

初探
纳米世界

纳米是什么"米"

纳米技术就在我们身边

关键词：
长度单位
纳米技术

这节课我们开始学《纳米技术就在我们身边》……

纳米是什么"米"？能吃吗？香不香？

你到底在听什么呀？纳米是一种很小的长度单位啦。

很小？有多小？

1米的长度你总知道吧？1纳米 = 0.000000001米。

说慢一点啦，我数数小数点后面有几个零。

我跟你说，1纳米比一个细菌还小。

我又看不见细菌。

那好吧，比你最喜欢的面包虫小得多！

哇哦！我似乎明白了。

你听懂了就好。

那到底要吃多少"纳米"才能吃得饱？

......

阿宝：

范范博士，我今天学了一篇课文叫《纳米技术就在我们身边》，可我还是感受不到纳米究竟有多小。

范范博士：

如果将一个直径为 1 纳米的小球和乒乓球做比较，那么后者的直径是前者的 4000 万倍。

阿宝：

听起来是够小的。

范范博士：

把直径为 1 纳米的小球放到乒乓球上，就相当于把乒乓球放到地球上。换句话说，

8

让我在地球上找一个乒乓球,这可难倒我了。

你能在外太空看到地球上的一个乒乓球吗?

阿宝:

估计要用超级厉害的望远镜。那我再请教您,想要直接看到直径为 1 纳米的小球,我得用多大的放大镜?

范范博士:

单单用放大镜可不行哦,要看到直径为 1 纳米的物体必须用电子显微镜。

阿宝:

我知道电子显微镜!看来纳米可真小呀。不过,课文里说的纳米技术能干什么呢?

范范博士:

比如手机里面的芯片就是纳米级的,5 纳米制程芯片就意味着 85 平方毫米的面积内塞下 153 亿个晶体管。

阿宝:

哇! 153 亿个……

范范博士:

有了这个关于尺寸的感觉之后,你或许就会明白纳米技术是什么东西。从某种意义

上说，有了纳米技术就意味着人们认识世界、改造世界的能力已经延伸到纳米量级。

阿宝：

我知道，就好像是孙悟空变小钻进铁扇公主的肚子里。

范范博士：

你这个想法不错，未来的纳米机器人可以通过血管直达病灶，杀死癌细胞，这时候我们就不是让铁扇公主肚子痛了，而是要拯救铁扇公主。

阿宝：

太棒了！我原先一直以为科学都是研究能上天入地的大家伙呢。

范范博士：

其实，科学要向宏观与微观两个尺度不断探索。我们一方面探索宏观宇宙，另一方面向微观尺度进军。总之，探索未知、造福人类是科学的本义。

纳米科技是指在纳米尺度(1纳米到100纳米之间)上研究物质的特性和相互作用,以及利用这些特性的科学与技术。纳米科技关注的对象虽然很小,对我们生活方式的潜在影响却很大。全球各地的科学家和工程师们都在对这个微观世界展开新的探索,并将其科学发现转化为新的产品和技术。

我们的征途是星辰大海!

微观世界

酷炫的
纳米
"黑科技"

科幻世界里的纳米技术

"纳米技术"和"量子力学",可以说是科幻迷最常挂在嘴边的两个高科技名词。美国好莱坞的科幻电影尤其钟爱这两个题材,其中又以纳米技术为多。20世纪80年代,经典科幻电影《亲爱的,我把孩子缩小了》就讲述了这样一个故事:科学家韦恩发明了一种能将物体放大、缩小的机器,但在一次意外中,他的孩子被机器变成了比蚂蚁还小的小人,并掉落到院子里的草地上,由此展开了一场奇妙的冒险。同一时期上映的电影《惊异大奇航》则讲述了主人公塔克运用微缩技术畅游人体血管,与邪恶势力做斗争,最后取得

了胜利的故事。2009 年上映的《变形金刚 2》里有个纳米机器人，出场时是一头美洲狮，随后它根据需要变身为无数的纳米虫，钻到它想去的地方，甚至可以隐身，瞬间消失于无形。而在近几年风靡全球的漫威系列电影中，钢铁侠有一套神奇的纳米战衣，蚁人靠纳米技术能随心所欲地变大、缩小。

　　和美国的流行文化相比，中国古代小说里更是早就有了类似的桥段。人物变小后拥有了无穷的能力，将这种"黑科技"掌握得炉火纯青的，不正是《西游记》里的孙悟空吗？他三番五次变小钻进妖怪的肚子里，翻江倒海，让对方不得不大喊"饶命"，这何尝不是中国古人充满奇思妙想的科学创意呢？

大圣，饶命啊！

1987 年上映的《惊异大奇航》讲述了主人公塔克运用微缩技术畅游人体血管，与邪恶势力做斗争的故事。如今，肿瘤细胞就是身体里的"邪恶势力"，期待纳米技术能在医学上大放异彩。

2009 年上映的《变形金刚 2》里面有个叫刀片虫的纳米机器人，它可以根据需要变身、隐身，瞬间消失于无形。如果说有一天我们能实现这些功能，用的肯定是纳米技术。

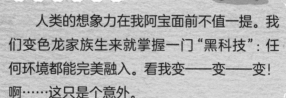

阿宝喋喋不休

人类的想象力在我阿宝面前不值一提。我们变色龙家族生来就掌握一门"黑科技"：任何环境都能完美融入。看我变——变——变！啊……这只是个意外。

生活中的纳米技术

当今世界科技进步日新月异，越来越多的科研成果从实验室走向市场，从"百污不沾"的纳米衬衫到能够杀菌除臭的纳米冰箱，从能够自清洁的纳

理论上讲，纳米技术可应用于汽车的任何部位，而且这些部位均可因纳米技术的运用而产生不同的功能特性。比如纳米车体，强度高，耐热好；纳米汽油，油耗低，更环保；纳米轮胎，耐磨损，抗老化。

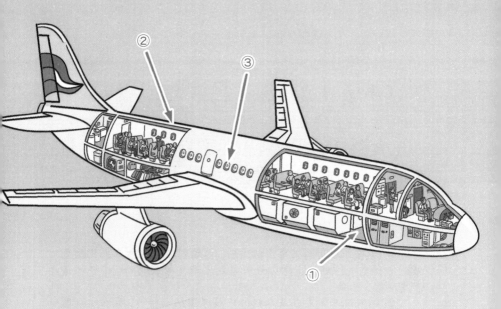

　　① 现代飞机使用纳米复合材料的比例越来越高，这种材料能够有效增加飞机的强度。

　　② 用碳纳米管强化的航空复合材料，不仅强度高，还具有更好的导电性，用这种材料制造的飞机可以更好地抵抗雷电袭击，可以说是飞机的"铠甲"。

　　③ 坐飞机喜欢靠窗坐的你知道飞机窗户隐含的高科技吗？原来在飞机窗户上涂有纳米二氧化钛涂层，这种材料可以吸收紫外线，有效防止窗户老化。

米瓷砖到汽车、轮船上可以防尘抗老化的纳米油漆，可以说如今我们的衣食住行都有纳米技术的影子。

纳米科技发展日新月异，可以预见的是未来我们的房子也将融入大量纳米技术，成为名副其实的"纳米科技房"。

① 房子外墙用纳米自清洁涂料，内墙则可用纳米二氧化钛光催化净化空气涂料，墙壁用纳米二氧化硅气凝胶材料，这样的房子更环保、保温。

② 纳米洗衣机是在洗衣机的内桶涂上纳米材料，有助于抑制霉菌的生长。

③ 在潮湿的卫生间里，纳米涂料也能大展拳脚。水槽、浴缸、马桶等卫浴产品使用了超细纳米涂料，不仅可以自清洁，还能有效减少污垢的残留。

超市里的纳米商品

逛逛超市，你还能发现很多应用纳米技术的日常用品。比如，纳米防晒霜、纳米抗菌剂、纳米洗发水，还有用纳米碳纤维制作的羽毛球拍，真是琳琅满目。

不会变脏的奥运旗帜

2008 年北京奥运会的会旗，颜色非常鲜艳，淋雨也不打蔫，就是因为它上面有一层纳米涂层，防水且有自清洁效应，可保持清洁如初，尤其淋了雨之后非常干净。

多功能纳米衣

关于多功能纳米衣，市场上的产品就更多了。生产商可以根据用户的实际需求加入不同的纳米粒子，比如在布料内添加纳米银离子，能够抗菌除臭；添加二氧化钛纳米微粒，能够自清洁；添加疏水性的纳米粒子，能够防尘、防油、抗污。

浩浩穿的凉感衣，面料纤维里有纳米粒子，具有吸热快、散热快等特点。

阿宝穿的纳米衣，能够防油、抗污、自清洁。

国家大剧院

　　众所周知，国家大剧院是一个大大的蛋形建筑物。它的表面可不是普通玻璃。这种玻璃表面有着一层能够自清洁的纳米涂层，下雨时水无法在其表面停留，而且会分解掉外壳表面的灰尘，就像会自己"洗澡"一样，不需要再进行人工清洗。

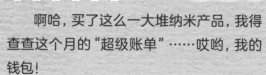

阿宝喋喋不休

　　啊哈，买了这么一大堆纳米产品，我得查查这个月的"超级账单"……哎哟，我的钱包！

小纳米的大用处

　　纳米技术涉足的可不光是上面列举的日常用品，其在科技产品里应用更广。如今 5 纳米制程的手机处理器芯片上，指甲盖大小的地方集成了 153 亿个晶体管，这便是纳米技术将东西做小的终极奥义——"人"多力量大。

简单的一次通话，就有上亿个晶体管在工作。

敲不碎的手机屏

　　清华大学的科研团队采用碳纳米管导电膜研制出了一款用于手机的屏幕，不仅有节能环保、成本低的优点，而且可弯可直耐敲击，神奇吧？

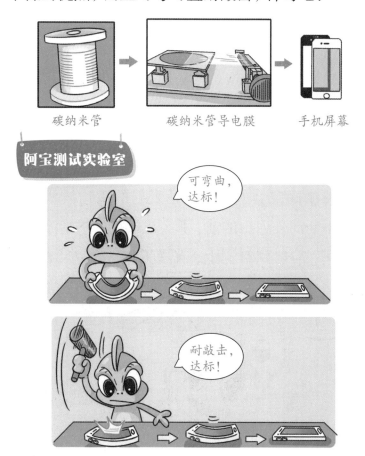

碳纳米管　　　　碳纳米管导电膜　　　　手机屏幕

隐形战机

我们都知道，雷达是望向天空的眼睛，它能够探测飞行物并紧紧跟踪，时刻保卫着我们的领空。普通飞机往往很难逃过雷达的"眼睛"，不过使用了纳米材料的战斗机却是能够逃脱雷达的扫描，隐形于万米高空。如果说雷达发射的雷达波或红外波是不断向外射出的箭，那么战机上的纳米涂层则是箭靶，箭射到箭靶上，有来无回，没有反射，这样雷达也就得不到反馈信息，战机便能大摇大摆地隐形了。

自然界中熟练运用
纳米技术的高手们

　　事实上，自然界中有很多利用纳米效应的特殊现象存在，这说明大自然也像人类一样会利用纳米技术。科学家时常从大自然中寻找灵感，通过观察生物体各自独有的形貌、结构和行为，为发明创造新型材料提供启发。

　　科学家发现许多色彩绚丽的动物，如有花斑的甲虫、羽毛闪亮的小鸟和五彩斑斓的蝴蝶等，它们身上的颜色都来自一种被称为光子晶体的微结构。蝴蝶翅膀上的纳米结构正是它的"色彩工厂"，这其实是一种微小的鳞片状物质，在阳光的照耀下能折射出斑斓的色彩。如果有条件用电子显微镜观察的话，你就能亲眼看见这种神奇的纳米结构。甲虫的鞘翅、小鸟的羽毛也有类似的纳米结构。

　　来吧，让我们认识一下在上一届"纳米高手选拔赛"中脱颖而出的高手们吧！

翩翩起舞的"蓝精灵"

　　蝴蝶家族有很多"纳米高手",它们因绚丽的色彩、曼妙的舞姿而深受人们喜爱。代表蝴蝶家族参加"纳米高手选拔赛"的是卡西美蓝闪蝶,它的翅展有 13 厘米,色彩鲜艳,雄蝶的翅上有着绚丽的、金属般的蓝色光泽,就像是森林里翩翩起舞的蓝精灵。当一群卡西美蓝闪蝶在阳光下飞舞时,更是会产生彩虹般绚丽的色彩。

　　在显微镜下可以看到,卡西美蓝闪蝶的鳞片表面有许多类似树枝状的纳米结构。这些结构能以一种特殊的方式反射光线,使得翅面呈现一种有金属光泽的蓝色。

好吧，我承认你是最靓的仔。

孔雀尾羽里的秘密

去动物园，人们都乐于欣赏孔雀开屏，其尾羽上那些眼斑反射着光彩，好像无数面小镜子，在阳光下绚丽夺目。本来被誉为"百鸟之王"的孔雀不必参加"纳米高手选拔赛"，不过，多一个头衔对于爱美的孔雀来说是锦上添花。孔雀尾羽鲜艳的秘密可不是基于色素，而是得益于光子晶体，其可视颜色会根据光照条件或粒子之间距离的变化等因素而发生变化。所以我们常看到孔雀尾羽会随着展开角度的变化而改变颜色，绚丽多彩，煞是好看。

这些名词我都听不懂，看来得去图书馆查阅资料了……

甲虫的硬壳有玄机

甲虫坚硬的前翅也被称为鞘翅，它们有的乌黑暗沉，有的却闪闪发亮，这是为什么呢？原来大部分外壳闪烁着明亮光泽的甲虫，如金龟子科昆虫利用外壳的光子晶体结构，可以选择性反射左旋圆偏振光，这就是它们"外壳"光彩明亮的秘密。

"伪装大师"变色龙

没错！就是我，本书的绝对主角。

变色龙的皮肤中含有微小的光子晶体，借助这些晶体，变色龙可以自如地改变身体的色彩。遇到外部刺激时，它们的体表图案会发生相应的变化以适应自然环境。在求偶、竞争和环境变化等情况下，这些生物会表现出独特的图案变化来引起注意或隐藏自己，表明自身喜悦或受惊的情绪。

壁虎为何能在天花板漫步

提到纳米高手，怎么少得了壁虎。这位飞檐走壁的高手，"轻功"甚是了得，它能在墙壁甚至是天花板上爬行自如。究其原因，壁虎的脚趾有特殊的黏附系统结构，其最小黏附单元达到纳米量级，保证脚掌能轻易地与各种表面实现近乎完美的贴合。

轻松一刻

阿宝与壁虎

科学家从壁虎的吸附能力中获得启发，模仿壁虎四肢研发出一种新的合成材料，其原理是模拟壁虎的足部结构，让特种作战人员能够像蜘蛛侠一样爬上建筑物的外墙。

水黾的"轻功水上飞"是如何练就的

水黾外号"水上飞"，它能在水面上旋转、跳跃，像在溜冰场上似的任意驰骋。究其原因，这位"纳米高手"足部的刚毛表面具有螺旋状纳米结构的沟槽，吸附在沟槽中的气泡形成气垫，从而托住了水黾本就轻巧的身体，让它能够在水面上自由穿梭。

阿宝与水黾

"范范"而谈

大自然是人类的老师，以上列举的自然界中的纳米高手们都给人类带来了灵感。比如，研究人员从蝴蝶身上获得启发，研制出一种超低功耗、超高清的显示屏，这种显示屏更护眼；从水黾身上获得启发，研制出了能够在水面上行走自如的仿生水黾机器人；等等。

荷叶为什么能"出淤泥而不染"

在自然界中还有很多纳米现象。比如南宋诗人杨万里笔下"却是池荷跳雨，散了真珠还聚。聚作水银窝，泻清波"描写的是雨珠在荷叶上来回跳动的景象。雨滴积聚多了，就成了水银般的一窝，阔大的荷叶无法承受其重量，"一窝水银"便一起泻入池中。从古至今，大家都知道荷叶"出淤泥而不染"，这其实有纳米科技在里头。荷叶的这一特殊本领就是利用了纳米技术，水珠在它上面可以滚来滚去，它自己则不会被润湿。

① 荷叶表面有污垢。

② 下雨时，水滴凝聚并带走污垢。

③ 雨后的荷叶更加青翠、漂亮。

那么，荷叶不沾水的奥秘是什么呢？

科学家通过高分辨率透射电子显微镜观察，发现荷叶表面是微纳结合的多级结构，表面有 6 ～ 8 微米的乳突状结构，上面覆盖 100 ～ 200 纳米的纤毛结构。这种多级结构导致水滴在荷叶上面根本就不能铺展开，不仅使水滴无法黏附在叶面上，水滴在自身的表面张力作用下形成的球状体还可以帮助荷叶及时"洗掉"叶片上的灰尘和污垢，并滚出叶面，从而达到清洁的效果。这种自洁叶面的现象被称作"荷叶效应"。荷叶"出淤泥而不染"的奥秘也就在此了。

宝石世界的精灵

盛产于澳大利亚的蛋白石被誉为"宝石世界的精灵"。它是由200纳米左右的透明二氧化硅小球沉积而成，这些小球排列出光子晶体特性的构造，使得宝石具有玻璃光泽或蜡状光泽，如有铁、钙、镁、铜等原子混入更是会形成各种璀璨的色彩，而且色彩光泽随观察的角度而变化，真可谓流光溢彩。

权杖上的蛋白石

震惊！ 古代也有纳米技术

米娜导游将带您在博物馆里找寻古代的纳米技术。

如今不少科幻影片把纳米技术的门槛定得很高，仿佛没个飞天遁地的本事都不敢说自己运用了纳米材料的应用没那么稀罕，甚至在古代就有了，没想到吧？

古代就有的纳米技术

公元4世纪，也就是1600多年前，古罗马人采用与现代纳米技术类似的工艺制作了一只高脚杯——卢奇格斯杯。光从内部照射时，它是红色的；从外部照射时，它就变成了绿色。

中世纪欧洲教堂的玻璃花窗绚丽多彩，这些丰

卢奇格斯杯

富的色彩归功于氧化铁、氧化钴等纳米颗粒，利用玻璃的透光性，使光线在透过彩色玻璃窗后变得更加绚丽。

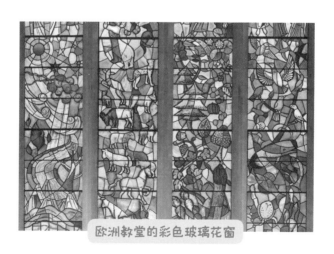

欧洲教堂的彩色玻璃花窗

古代大马士革地区曾是世界闻名的冷兵器制造中心，当地刀匠用折叠锻打工艺制作的大马士革刀以坚韧、锋利而著称。现代科学家用透射电子显微镜分析了刀片，发现大马士革刀里面有纳米材料——碳纳米管和碳化铁纤维，这就是它锋利无比、特别结实的原因。

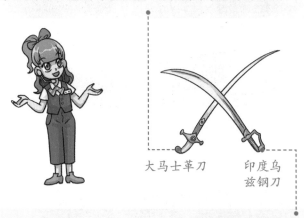

大马士革刀　　　印度乌兹钢刀

乌兹钢是古代印度以土法冶炼的钢铁，可以说是古印度冶炼技术和锻造技术的完美结合，以乌兹钢为材料打造的乌兹钢刀有着坚韧、锋利的物理性能。究其原因，还是跟纳米技术有关，其刀片含有碳纳米结构，具有超塑性和高冲击硬度等性能。

王羲之书法

古代中国的纳米技术

中国古代有没有纳米技术呢？答案是，不仅有，而且中国古代使用纳米材料的时间比欧洲早得多！

东晋大书法家王羲之就使用过纳米材料。王羲之用的油墨是碳的纳米颗粒构成的，磨得特别细腻，写的字也漂亮。纳米油墨配上"书圣"的笔力，使得书法更是笔酣墨饱、流芳千古。

古人不见今时镜，今镜曾经照古人。

　　马王堆汉墓被誉为"世界十大古墓稀世珍宝"之一。其出土的西汉铜镜，镜面有一层氧化锡纳米涂层。只要擦掉表层的污垢，历时2000多年的铜镜仍然光亮如初。这其实就是古代的纳米技术。

"范范"而谈

　　纳米技术并非新生事物，而是古已有之。但古代的纳米技术是"无心插柳"的结果。我们今天的纳米技术则是建立在坚实的科学基础之上的、有意为之的高新技术、尖端技术。

从一个科学家的畅想开始讲起

　　明代文学家吴承恩在《西游记》中描绘了孙悟空钻进铁扇公主肚子里的场景，不过这是文学范畴的描写，主要是为了展示孙悟空的神通广大。之后，科技发展一步一个台阶。到了 18 世纪，蒸汽机的发明引发了工业革命。19 世纪，电力的发明和广泛应用使人类进入了"电气时代"。就是在这种背景下，诺贝尔物理学奖得主理查德·费曼预言

人类未来可以"吞下一名外科医生"，这样很多复杂的手术就变得有趣而简单。同样是"吞下一个人"，昔日只能靠神话想象和大胆预言，如今微型机器人在生物医学领域的应用，无疑让我们离费曼的愿景更近了。

轻松一刻　　吞下一名"外科医生"

未来的纳米技术，可实现一粒"药丸"药到病除。

理查德·费曼

理查德·费曼（1918—1988）出生于美国纽约，1939年毕业于麻省理工学院，1942年获得普林斯顿大学理论物理学博士学位，同年参与了制造原子弹的"曼哈顿计划"。1965年，费曼因在量子电动力学方面的贡献，获得了诺贝尔物理学奖。在研究之余，他还创造了费曼学习法，沉醉于绘画、跳舞等活动。

费曼的观点来自他1959年发表的题为《在底部还有很大空间》的演讲。这个题目是什么意思呢？就是微观领域有很大的空间，未来人们可以大有作为。他还提出了一个大胆的想法：人类从最开始的石器时代打磨石头到如今的激光雕刻，不外乎都是削去或融合物质，将其做成我们想要的形态，而将来不排除我们能像搭积木一样，一个原子一个原子地"制造"物质。费曼借此提出，人类一旦掌握了对原子逐一实行控制的技术后，就能够按自己的意愿人工合成物质了。也因此，费曼被公认为第一个提出纳米概念的人。

1974年，东京理科大学的教授谷口纪男首次使用"nanotechnology"（译为"纳米技术"）一词描述纳米精细加工，他认为微米技术已经满足不了现在的生产需求，需要大力发展纳米技术。又过了十余年，麻省理工学院的德雷克斯勒博士写了一本书叫《创造的发动机：纳米技术时代的到来》，在书中他提出了基于分子组装器件的想法，这是革命性的纳米技术概念。

啥啥啥，写的都是啥？

《创造的发动机：纳米技术时代的到来》

科学技术是世界性的、时代性的，科学技术的发展是一个不断探索、不断失败、不断突破、不断前进的过程，后人站在前人的肩膀上，不断开拓创新，从而推动科技进步和社会发展。

"火眼金睛"探秘纳米世界

在纳米技术的发展过程中，有一项里程碑式的技术发明——扫描隧道显微镜（STM）。1981年，该仪器由IBM公司的科学家宾尼和罗尔发明，它有一个非常细的针尖，将这个针尖放到导体表面，当相隔约1纳米时，就可以看到分子和原子。总的来说，这是一台能观察和操纵原子的"神器"，它就像火眼金睛一样，表面上什么东西都逃不脱它的观察，它的发明让物理学和表面科学的很多问题迎刃而解。

STM发明之后，科学家又发明了很多类似的仪

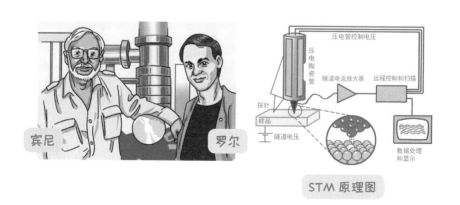

宾尼　罗尔

STM 原理图

啊，我尾巴上长了个什么东西？

器，比如说STM只能观察导体表面，科学家就又发明了可以观测各种表面的原子力显微镜（AFM）。除此之外，还有一系列的显微镜，它们被统称为扫描探针显微镜（SPM），科学家可以用它们观测各种表面、各种各样的东西。这些显微镜的发明也使得探索微观世界成为可能，正如费曼所说，"在底部还有很大空间"，科学家们都跃跃欲试，争取在新的领域大展拳脚。

纳米科技
发展史

纳米技术研究计划

  1990 年，第一届国际纳米科技会议成功举办，这标志着纳米科技的正式诞生。随后，纳米科技蓬勃发展，科技创新成果源源不断地涌现出来，当时的科技界普遍认为，纳米技术与信息技术、生物技术将是 21 世纪科技进步与社会发展的三大关键技术。

  2000 年 1 月 21 日，美国总统克林顿在加州理工学院正式宣布了一项新的国家计划——美国国家纳米技术计划（NNI）。这项计划使纳米技术的研究经费大幅度增加，知名度也大为提高，可以说是掀起了国际纳米科技研究的热潮。这项计划的

最终目标是从纳米尺度上理解和控制物质，推动新一轮的技术和工业革命并造福社会。

我国政府也高度重视纳米科技，在纳米科技发展之初就抓紧布局，并于2001年成立国家纳米科技指导协调委员会，印发《国家纳米科技发展纲要（2001—2010）》，对我国纳米科技工作做出顶层设计，提出了发展纳米科技的基本目标和任务，要集中优势力量突破关键技术，加速成果实用化和产业化，从整体上推动我国纳米科技发展，增强未来科技和经济竞争力，为国民经济建设和社会发展服务。

神奇的纳米世界

纳米之小：运用纳米技术，我们可以把美国国会图书馆的全部资料储存在一块方糖大小的磁盘里，要知道美国国会图书馆可是世界上最大的图书馆之一，拥有超过1.3亿件藏品。

小小磁盘容量大

纳米之强：运用纳米技术，科学家制造出了强度是钢的 100 倍，而密度只有其几分之一的材料——碳纳米管。

纳米守护健康：运用纳米技术，未来的医生能在癌症的病灶只有几个细胞大小的时候就发现它，从而消灭癌症这个病魔。

纳米科技发展大事记

在纳米科技发展的历史长河中，正是因为有了无数科学家的不断探索创新，才有了纳米科技在关键节点上的不断突破，而纳米科技还将不断向着未来进军。

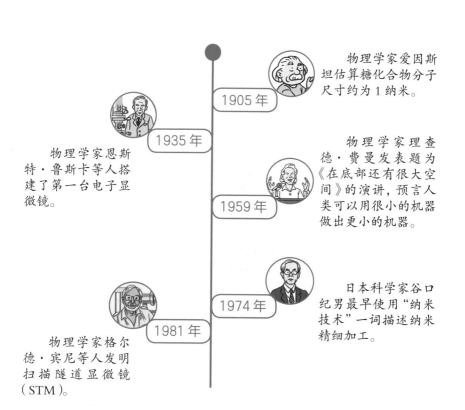

物理学家爱因斯坦估算糖化合物分子尺寸约为 1 纳米。

1905 年

1935 年

物理学家恩斯特·鲁斯卡等人搭建了第一台电子显微镜。

物理学家理查德·费曼发表题为《在底部还有很大空间》的演讲，预言人类可以用很小的机器做出更小的机器。

1959 年

1974 年

日本科学家谷口纪男最早使用"纳米技术"一词描述纳米精细加工。

1981 年

物理学家格尔德·宾尼等人发明扫描隧道显微镜（STM）。

德国科学院院士赫伯特·格莱特等人首次采用惰性气体冷凝法制备了具有清洁表面的纳米金属粉末。

1984 年

1985 年

美国化学家理查德·斯莫利等人发现富勒烯（C_{60}），同年贝尔实验室的路易斯·布鲁斯制备出胶体半导体纳米晶体（量子点）。

格尔德·宾尼等人发明原子力显微镜（AFM）。

1986 年

IBM 研究中心的唐·艾格勒和埃哈德·施魏策尔操纵 35 个氙原子拼出 IBM 徽标。

1989 年

纳米科学家饭岛澄男发现碳纳米管。

1991 年

1993 年

中国科学院北京真空物理实验室操纵原子成功写出"中国"二字。

美国启动国家纳米技术计划（NNI）。

2000 年

中国印发《国家纳米科技发展纲要（2001—2010）》，布局纳米领域。同年，《自然》杂志公布当年十大科技成果，纳米计算机排首位。

物理学家安德烈·海姆和康斯坦丁·诺沃肖罗夫发现石墨烯。同年，英国皇家学会和皇家工程院系统报告了纳米科技的影响。

2001 年

2004 年

美国化学家詹姆斯·图尔制造出纳米汽车，由炔基轴和四个球形 C_{60} 富勒烯轮子组成。

2006 年

2009 年

纳米粒子被用于肿瘤组织的靶向药物传输。

......

从微米科技到纳米科技的跨越

假如有一天，你每天都会玩的玩具突然变长了1毫米，你会发现吗？答案大概率是不会。1毫米的误差很难被肉眼一眼看出。事实上，在工业革命之前，人类大多数的生产、科研活动达到毫米尺度就绰绰有余，不过这种"毛估估"的做法同样限制了科技的进一步发展。工业革命后，世界科技前沿不断向宏观拓展、向微观深入。如果我们把以蒸汽机为代表的第一次工业革命称为毫米技术时代，以电子技术为代表的第二次工业革命则是微米技术时代。将来的第三次工业革命，必将是以纳

"毛估估"时代

毫米技术时代

米技术为代表的新兴科技引发的。科技发展也正随着毫米、微米、纳米的尺度不断精确化。我们即将进入的纳米技术时代，相信也只是人类认识世界、改造世界的伟大征程中的一个发展阶段。终有一天，人类会再次突破这个

微米技术时代

纳米技术时代

"小"的极限，进入全新的领域，那时可能被称为皮米技术时代、飞米技术时代。

我模仿下爱因斯坦不会被人发现吧！

未来科学的发展将是继续向宏观世界和微观世界挺进！

——爱因斯坦

纳米学科到底是物理学还是化学

从物理学角度，我们通俗一点的说法是构成物质世界大楼的基本"砖块"差不多是 60 种基本粒子；而从化学的角度讲，构成物质世界大楼的基本"砖块"是元素周期表上那 110 多种元素，而常用的仅有 56 种。也就是说从不同的角度看问题，会有不同的结果，比如纳米学科体现在物理学层面叫纳米物理学，也叫介观物理学；体现在化学层面叫纳米化学。

纳米的神奇之处究竟在什么地方呢？从物理学角度讲，如果把铁块粉碎，碎到微米级别，这时它是亮晶晶的银白色，是导体、铁磁体。如果再碎下去，到几百、几十纳米之后，它会渐渐变暗，它

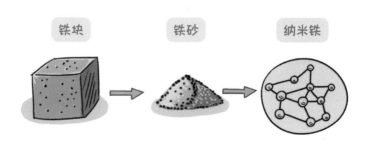

铁块　　铁砂　　纳米铁

的磁性会增强，电阻会增大。继续碎下去，到了10纳米以下，它就不再是铁磁体了。再小下去，它会变成绝缘体。也就是说随

着尺寸的变化，物质的性质会发生从量变到质变的根本性变化，这是纳米的重要特征。

从化学角度讲，我们熟悉的元素周期表现在有118种元素，我们知道元素有原子序数，元素在哪个位置会决定它的性质。不过，在纳米的概念出现后，讨论物质的性质还得看它有多大尺寸。比如上面提到的铁，在不同尺寸的性质截然不同。如果我们用这种思维来看元素周期表，它会发生革命性的变化，因为位置和尺寸都可以决定它的性质。同样一种材料，尺寸不一样，性质就可能完全不一样，这显然大大丰富了我们的生活和我们的选择。

纳米的三个基本效应

前面我们提到的纳米的神奇之处，从感观上说是物体变小了以后性质发生了变化，再通俗点解释，你看《西游记》里，每次孙悟空变小后都能所向披靡，战胜强敌。这就是"小"带来的好处，它能突破限制，出其不意。而且纳米的奥秘可不只是"小"，它的特性基于三种基本效应，"小尺寸效应"只是其一。

第一，表界面效应。我们都听过"真金不怕火炼"，这是因为金的熔点高达 1064℃，可如果我们把金块碎到 2 纳米的尺度，那么此时黄金的熔点是

普通的金块　　　　2 纳米尺度的黄金

多少呢？答案是室温下便可熔化黄金，这就是纳米的表面效应决定的。此外，前面提到的"纳米高手"壁虎，它就很会利用这个表界面效应。如果用显微镜去看壁虎的脚趾，能看到许多几十纳米的小细条，往墙上一贴，它和墙的相互作用力是与接触面积成正比的，也就是说黏附力非常大，所以壁虎能够很轻松地攀墙、爬树。还有就是我们日常用的瓷碗，掉到地上，大多数情况会碎掉，但如果你用纳米颗粒烧制成碗，因为韧性增加，碗就不容易被摔碎，这还是表界面效应。

第二，量子尺寸效应。说到量子的时候，往往和能级有关。比如一组从 2 纳米到 10 纳米的硒化镉颗粒，用同一束光打上去，它们会

量子、能级、硒化镉……这些名词我得再查查资料！

发出五颜六色的荧光。也就是说尺寸不同的时候，物质的各种性质完全不一样。因此我们可以把硒化镉纳米颗粒做成荧光标签，对生物大分子进行标记，不同分子的颜色不一样。这就是所谓的能级、能带结构变化带来的结果。

第三，小尺寸效应。前面我们讲到隐形战机的吸波涂料，其实就是利用了小尺寸效应。再举个例子，把铁粉碎到一定程度的时候，它会越变越暗、越变越黑，这同样反映了纳米颗粒的吸光特性。因为光只进来不出去的话，人眼看到的就是黑的，光出来得越少就越黑。

"范范"而谈

科学家研究纳米颗粒，追求的是"越碎越好"，越碎，它的性质和块体的对比就越强烈。从某种意义上说，这是人类思维方式的一种变革。

纳米科技的
发展现状

平民"钢铁侠"——未来单兵纳米作战服功能揭秘

受军方委托，我来验收这套作战服。

没问题，已经研制成功了。

那就麻烦教授给我介绍介绍。

整套纳米作战服配备有各种毫微级计算机和传感器。

纳米布料防水、杀菌。

有伪装性能，平时穿着柔软，有危险时能够防弹。

口说无凭，防弹性能怎么样？

给詹姆斯中尉穿上，上射靶场。

大可不必，还是找个假人测试吧。

嗒嗒嗒

完好无损。

再看看纳米材料头盔。这是中央处理器，负责收集处理各种作战信息。

唰

可以与总部或其他士兵联机交谈，共享数据，实时录像。内部传感器可以检测士兵的身体状况。

报告长官，我不挑食。

我先试试联机交流功能。

训练辛苦了。马上到中午了，你们午饭吃什么？

真是答非所问！教授，我们中午吃什么？

这套纳米作战服在士兵受伤的部位可以局部变硬，就像打石膏、包扎绑带，并检测是否需要就医。

如果全身受伤呢？

那就硬邦邦地躺着等待救援吧。

22.5 千克，这么一套全副武装的作战服还挺轻便的。

22.5

我们采用了纳米新材料，纳米技术使得计算机器件小型化，材料轻量化，作战服轻质高强。

要是能飞就好了。

要开发飞行功能吗？那需要另外加钱。

明星级的纳米材料

　　过去 30 多年间，纳米科技蓬勃发展，纳米材料也得到了突飞猛进的发展和日益广泛的应用。所谓纳米材料，即至少在一个维度［如下图长（x）、宽（y）、高（z）］上的尺寸在 1 至 100 纳米之间。也就是说，作为纳米材料至少需要"长、宽、高"中的一项具备纳米尺寸，而平面空间的基本元素——"点、线、面"，刚好满足这一尺寸要求。

　　零维纳米材料，其每个维度的尺寸都在 1 至 100 纳米之间。换句话说，就是极其小的一个点。同理，点构成的线是一维纳米材料，线构成的面是二维纳米材料。

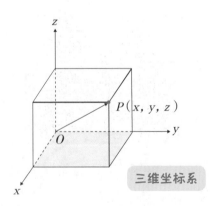

三维坐标系

量子点

　　20 世纪 80 年代初发现的新型零维纳米材料，也被称为半导体纳米晶，一般为直径在 2 到 20 纳米之间的球形或类球形，科学家利用其物理化学特性，使其在太阳能电池、显示、医学、生物学领域大有作为。

量子点荧光

回头率超级高。

神奇的量子点材料，能让服装光彩炫目。

富勒烯

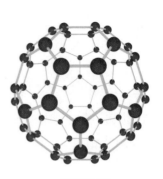

富勒烯

1985 年，科学家发现了另一种零维纳米材料——C_{60}。这是一种完全由碳组成的中空分子，形状呈球形。因为这种分子跟建筑师理查德·巴克敏斯特·富勒的建筑作品很相似，为了表达对他的敬意，发现它的三位科学家将其命名为"富勒烯"。富勒烯家族还有 C_{70}、C_{84} 等成员，可被用作医用材料，用来治疗癌症等疾病。值得一提的是，富勒烯的发现让这三位科学家获得了 1996 年的诺贝尔化学奖。

富勒烯、富勒球，还有我的小足球。

1967 年，理查德·巴克敏斯特·富勒在蒙特利尔世博会上设计了美国馆，此后这种轻质圆形穹顶的设计风格风靡世界，被称为富勒球。

碳纳米管

1991 年，人们发现了一维纳米材料——碳纳米管。它质量很轻，具有许多独特的力学、电学和热学性能。比如碳纳米管的强度是钢的100 倍，但密度仅为钢的六分之一。碳纳米管应用广泛，常被用于手机触摸屏、防弹衣、锂离子电池等。

碳纳米管

石墨烯

石墨烯结构

2004 年，英国科学家安德烈·海姆和同事用普通胶带从石墨中剥离出只有一个碳原子厚度的二维纳米材料——石墨烯，两人也因"在二维空间材料石墨烯方面的开创性实验"共同获得了 2010 年的诺贝尔物理学奖。石墨烯可谓拥有"史上最强"性能的碳材料，具有超薄、超硬、最好的热传导性

小贴士

学术玩家安德烈·海姆

安德烈·海姆所在的实验室有个保留节目叫"星期五晚间项目"，可以理解为工作之余的寓教于乐。海姆有一次将一只青蛙放在强磁场里悬浮了起来，用来演示抗磁效应，这个有趣的活动为他赢得了 2000 年的搞笑诺贝尔奖。据说，他是世界上唯一一个同时获得过诺贝尔奖和搞笑诺贝尔奖的科学家。值得一提的是，石墨烯的发现也出自"星期五晚间项目"，可见，兴趣是最好的老师，这句话也同样适用于大科学家。

"范范"而谈

从 0 到 1 的基础研究突破常常是"无心插柳"的结果，源于科学家强烈的好奇心和求知欲，很难进行"规划"和重点"攻关"。

和电传导性等特性，可应用于移动设备、航空航天、新能源电池等领域。

从上面的实例可以看出，科学家研究纳米材料不仅获得了诺贝尔化学奖，还获得了诺贝尔物理学奖。纳米学科既涉及物理学，也涉及化学和其他学科，是典型的交叉学科。

随着纳米材料的不断研发，新兴的纳米材料如雨后春笋般出现，比如硅纳米线、锗纳米线等一维纳米材料。这些都是过去30多年来比较典型的明星级纳米材料，它们的共同点是都具有非常神奇的性质。

用胶带都能"撕出"诺贝尔奖？我也来试试。

阿宝喋喋不休

我算是弄明白了，这些纳米新材料真是发现一种得一个诺贝尔奖呀！我得努力找找……

半导体纳米线的魅力

从前文我们知道，纳米技术能够对材料特性与器件功能产生重大改进与变革。就像是随着科技发展，电脑越变越小，功能却越来越强劲，对半导体器件而言，小型化、低能耗和智能化也是未来发展的趋势。在纳米技术加持下，一种新型的半导体材料和高性能半导体功能器件——直径小于 100 纳米的一维纳米材料半导体纳米线——应运而生。

半导体纳米线

先说说荣誉，半导体纳米线电子器件于 2001 年被《科学》杂志评选为十大突破性进展之一。《自然》杂志也于 2006 年把半导体纳米线研究列为物理学的十大研究热点之一。世界权威期刊的"点赞"足以说明其分量，如今，半导体纳米线已在不同领域展现了巨大的应用潜能，正逐渐从基础研究走向实际应用。

纳米线激光器

科学家利用纳米线的光学性质，采用硫化镉制造出一种新型的纳米线激光器，它可以被集成到微芯片里，并由电信号控制开关。在医疗领域，这种激光器可被用于高精度的外科手术，而且它个头极小，可以插入细胞中，观测细胞里面的生命活动，真是神通广大。

纳米线赛道存储器

如今是信息爆炸的时代，据统计，全世界每天约有 4000 本书出版，字数超过 4 亿字，再加上报纸、网络视频等资源，更是数不胜数，这对数据存储来说是个严峻的挑战。现在我们用的硬盘都是磁性的，如果把磁性的存储介质换成比人类头发丝还要细得多的纳米线来实现数据存储，就能提高手机、电脑和服务器的存储能力。这种赛道存储器的容量是传统硬盘的100倍，读写速度更快，而且能耗更小。未来，这种技术将颠覆我们存储数据和处理数据的方式。

纳米发电机

提到发电机，很多人想到的是柴油发电机等大家伙。我们前面说过，纳米技术就是将东西做得很小、很精细所用的技术，比如科学家用氧化锌纳米线做的纳米发电机，是一种可以将日常生活中的各种机械能转化为电能的装置。它的原理很简单，纳米线发生形变时会产生电压，积少成多可以作为微纳电源为微小型设备供电。

出门在外，再也不怕手机没电了。

有了这个思路，纳米发电机的未来可以说大有作为，比如人们已经发明了收集人体运动机械能并进行发电的背包，后期技术升级体积变小后，不光可以给手机等电子设备充电，而且其内置 GPS，可防止丢失。

　　如果我们把目光放得再长远一些，比如未来的微缩技术可以把机器缩小并放置到身体的血管里。进去一趟不容易，想多待一段时间就要解决机器的持续供电问题。如果我们能把心脏跳动的机械能转变成电能，持续地给机器供电，那么，我们相信在解决健康问题的同时，人们也将变得"电力十足"。

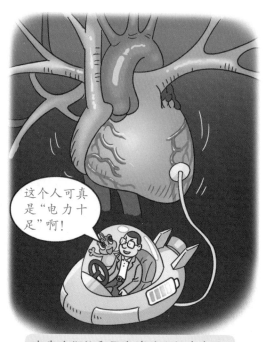

这个人可真是"电力十足"啊！

未来人们能利用微缩技术检查身体。

纳米加工技术的极限在哪里

在微电子领域，有一个被奉为"信息技术第一法则"的摩尔定律。说是"定律"，其实最初也只是英特尔的创始人之一戈登·摩尔的经验之谈。他于 1965 年在《电子学》杂志上提出此观点。现在这个"定律"的版本是：当价格不变时，集成电路上可容纳的晶体管的数量大约每隔 18 个月会增加一倍。数量增加意味着性能提高，所以处理器的性能也会提高一倍。

摩尔定律一定程度上揭示了信息技术进步的速度。比如，1971 年世界上第一台微处理器运用的是

年份：1971
型号：4004
工艺：10 微米
2300 个晶体管

年份：1974
型号：8080
工艺：6 微米
6000 个晶体管

年份：1993
型号：奔腾
工艺：0.8 微米
310 万个晶体管

10微米技术，当时只集成了2300个晶体管；2007年运用45纳米技术的芯片，集成的晶体管的数量是8亿个；而如今运用5纳米工艺的芯片，集成的晶体管的数量达到了153亿个。在过去几十年里，晶体管的尺寸缩至原来的千分之一，性能提高了一万倍，每个晶体管的价格降至原来的一百万分之一。正是这种微型化，使得电子元件的功能越来越强大，但是相对而言价格降低得非常之多，这就是纳米技术带来的好处，普通人花很少的钱就能感受到高科技的魅力。

年份：2007
型号：酷睿2四核
工艺：45纳米
8亿个晶体管

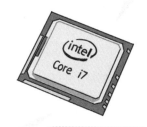

年份：2012
型号：酷睿i7
工艺：22纳米
10亿个晶体管

年份：2020
型号：麒麟9000
工艺：5纳米
153亿个晶体管

......

新型微纳加工
——纳米压印技术

随着纳米技术的发展，科学家已经从理论和实验研究中证明了很多材料被加工至纳米尺寸时，会呈现出与大块材料完全不同的性质，这便是我们前面说过的小尺寸效应。也正是这些纳米材料的性质向人们展现了其广阔的应用前景，科学家不断攻克纳米尺度加工的难题，相继开发了一系列纳米加工技术，不过这些技术需要的设备都很昂贵，产量还很低，以至于产品价格高昂。

直到 1995 年，华裔科学家周郁发明了纳米压印技术，通过这种技术创新打开了新局面。这种新型的微纳加工技术，具有分辨率高、成本低、生产率高、工艺简单等优点，其原理是通过光刻胶辅助，将模板上的微纳结构转移到待加工材料上，目前已知的加工精度已经达到 2 纳米，这也使得纳米压印技术在光学、电子学、数据存储、生物学等众多领域显示出广阔的前景。因此，纳米压印技术被誉为十大可改变世界的科技之一。

纳米科技前沿
——纳米仿生技术

理查德·费曼曾对纳米技术生发畅想，即人类能用很小的机器去制造更小的机器，直到可以逐个排列原子，"自动"制造出产品，就好像一个生命体的基本单元是细胞，里面都是有序的组织结构，没人去排列它，它自动就生成了，生命也由此诞生。

纳米汽车

沿着这个思路，美国莱斯大学的科学家詹姆斯·图尔制造出了世界上最小的汽车，车轮是由60个碳原子构成的足球状分子，整辆纳米车的长度仅为3至4纳米。这种纳米车有多小呢？这么说吧，2万辆纳米车可以在头发丝上并排行驶而不显得拥挤。随后，科学家们设计出了各式各样的纳米车，既然大家都有了"车"，那肯定要比试一下速度，于是有了第一届国际纳米车大赛，参赛的6辆纳米车都是单个分子，赛道更是比头发丝还细，

显微镜下的纳米车竞技

"选手们"要在 36 小时内行驶 100 纳米，速度快的获胜。

这些东西我们现在看来可能也就是在实验里玩玩而已，不过，随着纳米科技的发展，未来肯定大有作为。正如这次比赛的冠军詹姆斯·图尔所说："这是一个开端，证明我们能够在纳米尺度实现对速度的控制。"

机械变色龙

　　前面我们认识了"自然界中熟练运用纳米技术的高手们"，通俗地讲，纳米仿生就是从自然界中汲取灵感，学习这些"高手"的技能为人类所用，比如雷达、电子蛙眼等科技产品的制造灵感都源于自然界中的各种生物现象。简言之，仿生学就是一门"模仿生物的特殊本领的学科"。

机械变色龙大显身手

拿我们熟悉的变色龙来说，它的特殊本领是"善变"，是自然界中当之无愧的"伪装高手"。那么，我们有没有可能习得这项本领呢？答案是肯定的。科学家在机械变色龙身上安装了能变色的小方片，通过芯片控制，机械变色龙能根据背景颜色改变它身上相应部位的颜色。

"范范"而谈

　　仿生材料是受生物启发或模拟生物的特殊本领而开发的材料；纳米仿生就是学习自然界中的纳米高手们的种种特殊构造和独特功能，为人类所用。

纳米技术**治病疗效好**

纳米材料在过去 30 多年的时间里，已经开展了广泛的研究，在医学检验及诊断、药物治疗、分子机器的设计与合成等方面取得了显著进展。

医学检验及诊断

研究发现，在人类与癌症的顽强斗争中，至少

有一半的胜利得益于早期诊断，而且多数癌症的早期治愈率达90%，所以对癌症病人来说，时间就是生命。

在各种医学检验及诊断手段中，纳米技术和纳米材料发挥了关键作用。除了癌症，纳米技术还是其他许多病魔的克星。科学家利用纳米颗粒极高的传感灵敏效应对各类疾病进行早期诊断，效果显著。比如，利用纳米金刚石的特性进行艾滋病病毒检测，比传统检测的灵敏度提高了10万倍，显著结果是将艾滋病的诊断提早了16天。

药物治疗

到了药物治疗阶段，就轮到纳米生物材料大显身手了。它具有生物相容性、药物靶向传递、药物缓释、可降解等特性，可以最大限度地发挥药效，达到治疗的目的。

以磁性的纳米颗粒作为药物载体，就能轻松"混"入人体，不被免疫系统攻击，不被人体排斥。这叫"进得去"。

　　而所谓的靶向治疗是指药物输送从以前的"广撒网"到能够精确输送至特定的治疗部位，纳米载体携带的"生物炸弹"能够定点"爆破"，杀死病毒或癌细胞。这叫"瞄得准"。

"瞄得准"，病毒跑不了

药物缓释是指让药物效力缓慢地释放出来，延长药物作用时间。这样才能"疗效好"。

以可降解的纳米颗粒作为运送药物的载体，能够生物降解或排出体外。这叫"出得来"。

"进得去、瞄得准、疗效好、出得来"，这一套"组合拳"下来，治疗效果显著。不过，目前一些研究还处于实验阶段，还需要大量临床试验予以证实，这同样需要纳米技术的进一步发展。

纳米机器人

　　试想一下，如果我们能吞下个"孙悟空"，让他在身体里"降妖除魔"似的大战癌细胞，治病救人就变得简单了。60多年前，被称为"纳米技术之父"的费曼就是这么想的，他形象地将可用于治病

三位科学家凭借研发出世界上最微型的分子机器，获得了2016年的诺贝尔化学奖。

的微型机器人喻为"可以吞下的外科医生"。此后，费曼的科学猜想仅出现在科幻电影里，直到2016年诺贝尔化学奖花落"分子机器的设计与合成"领域，才让人们看到了实现费曼愿景的可能。

分子机器大战癌细胞概念图

2017 年 9 月,《自然》杂志上的一篇论文宣布了世界上首个分子机器人的诞生。每个分子机器人的尺寸约为 1 纳米。神奇的是,这么小的机器人也是有手臂的,并且能够根据指令操控单个分子,操作过程跟堆积木似的,十分有趣。

　　纳米机器人作为分子机器中的重要角色,可以被注入人体的血管内,通过血管直达病灶,对相关疾病进行精准诊断,并开展微创手术,精准释放药物,而且在完成任务后还会自动降解,不给人体造成额外的负担。在可预见的未来,纳米机器人会不断迭代升级,大有希望治愈许多如今的"不治之症"。

神奇的纳米碳材料

我们处在硅时代

石器时代

蒸汽时代

回顾人类历史的发展过程，我们常用最具代表性的生产元素来指代一个历史时期，比如那些我们耳熟能详的：石器时代、青铜时代、铁器时代、蒸汽时代、电气时代、原子时代等。拿距离我们最近的几个时代来说，第一次工业革命开启了蒸汽时代；第二次工业革命开启了电气时代；到了 20 世纪，原子弹的爆炸被认为是原子时代的标志，其代表元素是铀；20 世纪后半叶以来，最具代表性的生产元素是计算机芯片里的硅，因此也可以说我们正处在"硅时代"。

"硅时代"的显著特点是计算机技术和互联网技术发展迅速，当然，这些都离不开以硅为核心材料的微电子集成电路芯片。而说到半导体工艺的发展，怎么也绕不开摩尔定律，它在一定程度上揭示了信息技术进步的速度，科技行业也正沿着其发展轨迹快速迭代。拿芯片来说，从 1993 年的 0.8 微米到 2012 年的 22 纳米，再到 2020 年的 5 纳米、2023 年的 3 纳米，这期间需要多次技术革新，突破技术瓶颈。每次我们觉得工艺已经到极限的时候，其实都是在现有的设备、结

电气时代

原子时代

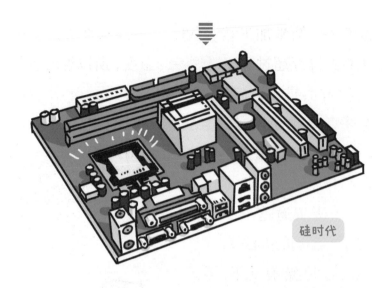

硅时代

构、材料下得出的结论，每次遇到那种看似无法逾越的"大山"时，总会有新的材料或结构来突破传统工艺的局限性。但要想有所突破，又谈何容易！如今摩尔定律已经越来越难以维持，因为新的工艺的复杂性和成本都在急速攀升，要想跟上摩尔定律的速度，需要付出的代价也是惊人的。

其实，在纳米加工工艺发展的过程中，我们面对的不但有加工的问题，还有散热的问题。就拿5纳米工艺来说，指甲盖大小的地方有153亿个晶体管在工作，这么多发热源，热量如果散不出去，处理器会面临"自焚而终"的境地。而且从1970年到现在，纳米加工技术的进步导致每平方厘米的发热量已经超过了火箭喷嘴的温度，所以说没有很好的散热机制肯定是不行的。这也说明了"硅"不可能永远这么走下去。总有一天，眼前的"大山"将无法逾越，这个时候就要想别的办法了。

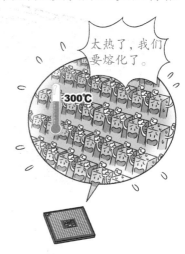

晶体管的散热问题急需解决。

这时候有人问了："遇到技术瓶颈该怎么办呢？"一个字："换"。换其他技术是一个方面，换材料也是一个方面，总会有办法的。于是乎有人想到了碳，说碳有可能是硅时代的终结者。

阿宝喋喋不休

啊，未来是"碳时代"？我们兜兜转转又回到煤炭时代了吗？

令人叹为观止的"碳"

　　提到碳，大家对它的印象大多是黑褐色的煤炭球。这其实只是碳在自然界中的一种形态，它还有另外两种常见形态，一是作为钻石原石的金刚石，二是灰黑色的石墨。

　　碳跟我们的生活息息相关，以至于有人说整个人类文明就是一个以"碳"为基础的碳基文明，毕竟地球上已知的所有生物都是碳基生物。碳跟人类的关系，在人类学会用火之后就更加紧密了，人

你能在图中将右边的6种"碳"一一找到吗？

CO_2

| CO_2 |
| 金刚石 |
| 煤炭 |
| 碳基生物 |
| 石墨 |
| 碳水化合物 |

类利用含碳材料，如木材、枯草等燃烧取暖、烹饪食物，并逐步学会了烧制陶瓷、冶炼金属等，使人类社会进入青铜时代和铁器时代；随着蒸汽机的发明，碳开始作为提供动力的化石能源，被人类利用得更加充分。

人类对碳的认识是不断发展的，尤其是纳米技术得到发展后，科技工作者持续不断地发现各式各样的纳米碳材料。新型的纳米碳材料富勒烯、碳纳米管、石墨烯及石墨炔的发现者中有多人因此获得了诺贝尔奖或其他重要奖项，足可见科学界对他们所做出的划时代贡献的重视。如今，理论和实验研究都证明了这些纳米碳材料具备特殊的性质和性能，有着极其广阔的应用前景，而且它们还具有一种资质——在未来有可能替代硅。

小贴士

宇宙空间中发现的碳材料

碳材料可不光只有地球有，小麦哲伦星云矮星系就存在大量的富勒烯，其质量为月球的 15 倍。科学家还在星云中发现了石墨烯。值得一提的是，科学家还发现了钻石星球，其核心是密度极高的结晶碳。

高碳材料带来低碳生活

纳米碳材料种类多样，从石墨到碳纤维，再到碳纳米管和富勒烯，以及被称为"超级材料"的石墨烯等，感觉这些"高大上"的纳米碳材料还在实验室里等待被挖掘潜能，其实这些新型的碳材料正

新能源汽车每年可减少碳排放量约 5000 万吨。

骑自行车碳排放量约为 0。

在走进我们的日常生活。

碳材料最贴近我们日常生活的应用是在高端自行车和汽车领域，从最开始的局部配件到全碳纤维跑车，碳纤维的应用越来越广泛；而应用于汽车电池的纳米碳材料更是能够增强电池性能，提高电池能效，从而减少碳排放。所以我们有理由相信，未来的汽车排放会越来越低碳，而汽车本身则会越来越高碳。在航空领域，碳复合材料的使用能够为飞机"减负"，让飞机变得更轻盈、更环保。

有人说，21世纪是碳的时代。我们的生活中有了更多的碳元素，更多的高碳材料的应用，反而让我们的生活更加低碳。

"范范"而谈

随着对纳米碳材料的研究和产业化的不断深入，新型纳米碳材料将会实现大规模、低成本的连续批量生产，到那个时候，这些高碳材料本身具有的优异性能将发挥最大功效，我们的口号也将是：应用高碳材料，实现低碳生活。

徒步登天未可知

——"碳纳米管天梯"畅想

四年级（3）班

纳米技术就在我们身边

关键词：
碳纳米管天梯
纳米机器人

同学们，这篇课文学得差不多了，关于纳米技术我们也从一知半解到略有体会。刚才播放的影视剧中的纳米技术，你们是不是都看得意犹未尽？

是！

不要啊！

那这样好了，你们动动脑筋每人写一篇与纳米技术相关的作文，体裁不限，我希望看到大家大胆的畅想。

放学后……

如果我有一件钢铁侠那样的纳米服，我首先飞到南极看看企鹅，再去北极看极光……

我要是有一个纳米机器人，我要让它钻到血管里杀死新冠病毒，这样我们都能愉快地玩耍了。

我觉得你们还是多想想作文吧！

……

课文里说坐"碳纳米管天梯"可以到太空旅行，我突然想到一个人……

谁？

保密。

什么"碳纳米管天梯"，我崇拜的齐天大圣孙悟空就曾将金箍棒伸到天庭，我何不借来用用……

大圣，请您吃桃子，另外，想向您借一样东西。

好说好说！

据说您的如意金箍棒能随意变化大小，曾伸到天庭，差点捅破天，我想……

所以你想借我的金箍棒？

……

我算过了，您的"刑期"还有399年，我怕您的金箍棒长时间不用会生锈……

说说想用它做什么，我倒是可以考虑考虑。

您有所不知，未来的世界有个东西叫碳纳米管，人们都说比您的金箍棒还厉害，我跟他们吵起来了……

原来如此，拿去便是！我让金箍棒助你一臂之力。

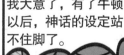

浩浩，我带你体验"碳纳米管天梯"，我们可以乘坐电梯直达宇宙空间站。

太好了，我要好好感受下坐电梯上九天揽月。

碳纳米管凭借其韧性强、质量轻和导电性能佳等多种特性，被选中作为制造"天梯"的材料，这可比金箍棒还厉害。

我知道我作文写什么了，题目就叫：如果真有金箍棒，那一定是碳纳米管做的！

超级材料——石墨烯

　　石墨烯最初是从石墨材料中剥离出来的、由碳原子构成的二维平面结构，其厚度只有一个碳原子那么薄。就是这薄薄的一片，却是目前世界上最坚硬的材料，而且还有导电、导热性能超强等特性。也因为这些优异的表现，石墨烯有"超级材料"的美誉。

石墨烯之轻薄

　　单层石墨烯的厚度大约为 0.3 纳米，相当于人的头发丝半径的十万分之一。这种厚度很难去描述，打个比方，如果用一片片石墨烯取代一张张纸来印制图书，那么，像《新华字典》这样厚度的石墨烯图书，会有 100 亿页。拥有 100 亿页的图书已经是大型图书馆的体量了，也就是说，不考虑质量的情况下，你可以将这个"大型图书馆"拿在手里。

新华字典
厚度：约 3 厘米
页码：约 700 页

石墨烯薄片

石墨烯图书
厚度：约 3 厘米
页码：约 100 亿页

石墨烯薄片

用石墨烯作为纸张，做出与《新华字典》同等厚度的书，会有 100 亿页。

100 亿页的石墨烯图书约等于一个大型图书馆的图书承载量。

石墨烯之坚韧

石墨烯是目前世界上已知的最坚韧的纳米材料，比钻石还硬，比钢铁还结实。科学界有个很有名的例子来说明其坚硬程度：如果把一层层石墨烯叠加到保鲜膜的厚度，需要一头大象站在一支铅笔上所产生的压强，才能刺破它。

天呐，有没有人告诉我那头大象是怎么被弄到铅笔上去的？

石墨烯之"就业"前景

石墨烯特殊的物理特性，使其成为潜力无穷的超级材料。石墨烯究竟有何厉害之处呢？如果我们把石墨烯比作一个求职的年轻人，那么他的"就业"前景如何呢？

姓名：石墨烯

别称：新材料之王，超级材料，硅时代的终结者。

身高：人类头发丝半径的十万分之一。

曾获奖项：把我撕下来的科学家于2010年获得诺贝尔物理学奖。

特长：十项全能。有着诸多"最强性能"和众多"独特的性质"。

轻薄度　100　坚硬度
导电性　80　20　导热性
40
载流子迁移率　60　透明度

可胜任领域如下：

新能源行业：可应用于锂离子电池、超级电容器、太阳能电池等。

电子信息行业：可用于制造集成电路、传感器，或制造柔性显示器件，如柔软可弯曲的透明触摸屏等。

复合材料方面：力学增强复合材料，导热复合材料，导电复合材料。

生物医疗行业：可用于药物载体、基因治疗、生物检测等。

节能环保行业：可用于海水淡化、污水处理、大气治理等。

（注：包括但不限于胜任以上领域。）

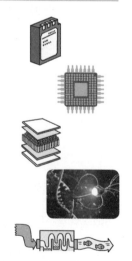

自我评价：我胜任的领域很多，可以说未来各行各业都需要我去革新技术。不过，现阶段我才刚刚走出实验室，得来还需费功夫，工业化大规模制造我还有很多挑战。等到科技进一步发展时，我会大展拳脚，造福千万家。

从硅时代到碳时代的跨越

从锗到硅的进阶

我们都知道硅是如今应用最广泛的半导体材料，但在半导体芯片发展的早期，"硅"只能当配角，因为那时"锗"才是真正的明星。当时的晶体管是用锗做的，世界上第一块集成电路也是基于锗，不过锗的种种缺陷很难克服，导致其很快退出历史舞台，芯片产业迎来"硅时代"。

可以说"硅"完全靠实力打败了"锗"。此后集成电路技术沿着摩尔定律规划的"高速公路"突飞猛进，科学家们对芯片制程的探索也从微米级别进入纳米级别，如今更是接近了1纳米。不过，"硅"就像当初的"锗"一样，缺陷

怎么像一块缝缝补补的抹布？

世界上第一块集成电路

最佳半导体材料选拔赛

硅锗之争

开始慢慢暴露出来，硅基芯片技术越来越接近其性能极限，硅晶体管尺寸也已经接近相关物理定律极限，难以再有突破，是时候考虑硅的替代材料了。

从硅到碳的跨越

在为数不多的可能替代材料中，碳基纳米材料被公认为最有可能替代硅的材料，其中最有可能的是碳纳米管和石墨烯。如果用以非凡的强度和导电性能而闻名的石墨烯作为取代硅的微电子材料，其内部电子运行的移动阻力更小，芯片运行速度更快，所消耗的能量更少；而且基于石墨烯的晶体管尺寸可以做到更小，从而实现更高的集成度，芯片的稳定性和性能都将得到大幅度提升。也就是说，"碳"开始站上擂台欲与"硅"一决高下。

如今，我们正处于从"硅"到"碳"的过渡时期，纳米碳材料越来越多地出现在全新的应用领域，并作为革命性材料引领新的潮流。

碳硅之争

"范范"而谈

石墨烯除了拥有不逊色于硅的属性之外，还拥有很多硅不具备的优点。如果说将来有材料能够取代硅，那极有可能是石墨烯。当然，还有许多挑战需要面对，例如因为没有带隙而无法开关的问题，或许未来有更高明的办法来解决。

纳米科技的
未来

纳米科技的未来

纳米科技发展到现在已有 30 多年的时间，其间一些国家纷纷制定相关战略，投入海量的科研经费，想要抢占纳米技术的战略高地。我国作为世界上较早开展纳米科技研究的国家之一，一开始便从国家层面上制定了《国家纳米科技发展纲要（2001—2010）》，对纳米科技工作进行了顶层设计，把发展纳米生物和医疗技术、纳米电子学和纳米器件作为主要的中长期目标；同时，加强纳米科技的基础研究和应用基础研究，促进产学研结合，推动纳米科技成果的产业化。

2006 年，国务院发布了《国家中长期科学和技术发展规划纲要（2006—2020 年）》，纳米科技被认为是我国"有望实现跨越式发展的领域之一"，并设立了"纳米研究"重大科学研究计划。这些举措有效地推动了我国纳米科技的基础研究和产业化技术研发工作。当前我国纳米科技研究已走在世界前列，面临新的重大发展机遇。

纳米科技发展路线图

纳米科技的发展大致可分为三个阶段：2000 年到 2010 年，这十年主要是打基础阶段——从基础研究到技术研发；2010 年到 2020 年，主要是纳米科技的工程化、产业化；2020 年后，或将迎来真正的大规模产业化。

目前，纳米科技的发展方向主要集中在能源和电池、传感器、航空航天、医药卫生、电子信息、生物技术和农业等领域，发展的趋势是如何有效促进纳米技术研发成果的转化。纳米技术产业的健康发展需要科学家、工程师和企业家的共同努力和不懈奋斗。在不远的将来，纳米产品将走进千家万户，丰富人类的物质和精神生活。

未来还将高度重视纳米科技领域的战略布局，加强顶层设计，充分发挥纳米科技的创新驱动和示范引领作用。

21 世纪必将是纳米的世纪

未来，纳米科技将深入科技与社会的各个领域，并向绿色、健康等国际前沿和国家需求的大方向发展，纳米技术产业化将是未来高科技竞争最直接的体现，纳米技术也将成为未来世界各国高科技竞争的主战场。这就是说，纳米技术的发展程度将对 21 世纪各国的经济、国防和社会产生重大影响。

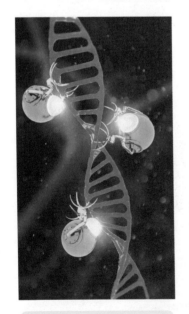

未来的纳米机器人概念图

如果说 20 世纪是微米科技的世纪，21 世纪必将是纳米科技的世纪，整个 21 世纪的引领性产业一定是纳米技术。套用毛主席当年在苏联接见留学生时说的一句话，纳米技术就像早晨八九点钟的太阳，充满着无限的希望！

后记

　　科幻小说或影片里，纳米技术能让人上天入地，所向披靡。从科学幻想走向现实应用，是谁架起了这座桥梁？答案是科研工作者。如果说科幻是预演未来，那么在奔赴未来的路上，正是无数个奋战在一线的科研工作者心无旁骛搞科研、脚踏实地克难关，才铸就了中国科技一次又一次勇攀高峰的辉煌。从九天揽月到入住天宫，从丈量珠峰到深潜海底，可以说中国科技的远大征途就是这广阔

北京石墨烯研究院的科研工作者在做实验。

天地。

　　如今，中国已成为纳米技术的领导者、当今世界纳米科学与技术进步的重要贡献者和世界纳米科技研发前沿大国之一。取得这些成绩靠的是无数科研工作者的不懈努力，同时也离不开作为科研后备军的青少年们。少年强则中国强。我编写本书的初心是在青少年心里播撒科学的种子，激发他们对科学的兴趣，培养他们对科学探索的热情。让"想当科学家"成为更多青少年的理想，而这些未来之星将持续为中国科技注入新的活力。

图书在版编目（CIP）数据

纳米技术就在我们身边 / 刘忠范著 . — 杭州 : 浙江教育出版社 , 2023.9（2023.10 重印）

（语文教材选篇作家作品深度阅读系列 / 张明舟主编 . 趣味科普）

ISBN 978-7-5722-5974-6

Ⅰ . ①纳… Ⅱ . ①刘… Ⅲ . ①纳米技术－少儿读物 Ⅳ . ① TB383-49

中国国家版本馆 CIP 数据核字（2023）第 116508 号

责任编辑 董安涛		**责任校对** 余晓克	
美术编辑 曾国兴		**责任印务** 曹雨辰	
插画绘制 瞿鑫鑫		**装帧设计** 乐读文化	

语文教材选篇作家作品深度阅读系列

趣味科普　纳米技术就在我们身边

QUWEI KEPU　NAMI JISHU JIU ZAI WOMEN SHENBIAN

刘忠范　著

出版发行　浙江教育出版社
　　　　　　（杭州市天目山路 40 号　电话：0571-85170300-80928）
激光照排　杭州乐读文化创意有限公司
印　　刷　湖北金海印务有限公司
开　　本　890mm×1240mm　1/32
印　　张　4.375
字　　数　87 500
版　　次　2023 年 9 月第 1 版
印　　次　2023 年 10 月第 2 次印刷
标准书号　ISBN 978-7-5722-5974-6
定　　价　43.80 元